崔玉涛
图解宝宝成长
饮食营养

1

崔玉涛 / 著

U0382371

中国商品信息防伪验证中心

人民东方出版传媒
东方出版社
正品标识

电话查询：4006-276-315.
网站查询：www.china3-15.com
短信查询：400800#防伪码至12114

刮涂层　输密码　查真伪

正版查验方式：

1.刮开涂层，获取验证码；

2.扫描标签上二维码，点击关注；

3.查找菜单"我的订单 —— 正版查验"栏；

4.输入验证码即可查询。

人民东方出版传媒
东方出版社

崔大夫寄语

　　2012 年 7 月《崔玉涛图解家庭育儿》正式出版，一晃 7 年过去了，整套图书（10 册）的总销量接近 1000 万册，这是功绩吗？不是，是家长朋友们对养育知识的渴望，是大家的厚爱！在此，对支持我的各界朋友表示感谢！

　　我开展育儿科普已 20 年，2019 年 11 月会迎来崔玉涛开通微博 10 周年。回头看走过的育儿科普之路，我虽然感慨万千，但更多的还是感激和感谢：感激自己赶上了好时代，感激社会各界对我工作的肯定，感谢育儿道路上遇到的知己和伙伴，感谢图解系列的策划出版团队。记得 2011 年我们一起谈论如何出书宣传育儿科普知识时，我们共同锁定了图解育儿之路。经过大家共同奋斗，《崔玉涛图解家庭育儿 1——直面小儿发热》一问世便得到了家长们的青睐。很多朋友告诉我，看过这本书，直面孩子发热时，自己少了恐慌，减少了孩子的用药，同时也促进了孩子健康成长。

　　不断的反馈增加了我继续出版图解育儿图书的信心。出完 10 册后，我又不断根据读者的需求进行了版式、内容的修订，相继推出了不同类型的开本：大开本的适合日常翻阅；小开本的口袋书，则便于年轻父母随身携带阅读。

　　虽然将近 1000 万册的销量似乎是个辉煌的数字，但在与读者交流的过程中，我发现这个数字中其实暗含了读者们更多的需求。第一套《崔玉涛图解家庭育儿》的思路侧重新生儿成长的规律和常见疾病护理，无法解决年轻父母在宝宝的整个成长过程中所面临的生活起居、玩耍、进食、生长、发育的问题。为此，我又在出版团队的鼎力支持下，出版了第二套书——《崔玉涛图解宝宝成长》。这套书根据孩子成长中的重要环节，以贯穿儿童发展、发育过程的科学的思路，讲解养育的逻辑与道理，及对未来的影响；书中还原了家庭养育生活场景，案例取材于日常生活，实用性强。这两套书相比较来看，第一套侧重于关键问题讲解，第二套更侧重实操和对未来影响的提示。同时，第二套书在形式上也做了升级，图解的部分更注重辅助阅读和场景故事感，整套书虽然以严肃的科学理论为背景，但是阅读过程中会让读者感到轻松、愉快，无压力。

　　本册主题是"饮食营养"，但讲饮食营养就离不开"就餐习惯"。从宝宝吃食物开始，在饮食方面的变化还是很明显的。本册除了关注宝宝不同年龄段"吃什么""怎么吃"的问题之外，还引导家长应注重培养宝宝良好的饮食习惯和进餐行为。因此本册从食材选择、营养搭配、食物性状、进餐环境、进餐行为与习惯、饮食与生长发育六个方面出发，通过类似思维导图的形式，讲解了婴幼儿饮食过程中出现的喂养及就餐行为难题的解决办法，并给予实际操作性强的指导，使家长不仅能够了解不同阶段婴幼儿所需营养，还能关注并培养宝宝的进食行为。通过"吃"这一行为，达到促进婴幼儿身心、生长发育同步发展的效果。

　　愿我的努力，在出版团队的支持下，使养育孩子这个工程变得轻松、科学！感谢您选择了这套图书，它将陪伴宝宝健康成长！

崔玉涛儿童健康管理中心
有限公司首席健康官
北京崔玉涛育学园诊所院长
2019 年 5 月于北京

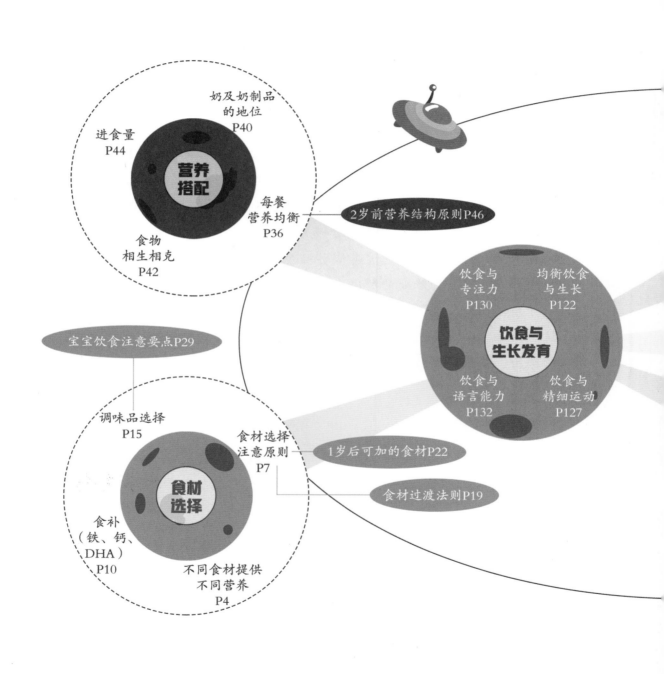

奶及奶制品
的地位
P40

进食量
P44

营养
搭配

每餐
营养均衡
P36

2岁前营养结构原则P46

食物
相生相克
P42

饮食与
专注力
P130

均衡饮食
与生长
P122

饮食与
生长发育

宝宝饮食注意要点P29

饮食与
语言能力
P132

饮食与
精细运动
P127

调味品选择
P15

食材选择
注意原则
P7

1岁后可加的食材P22

食材
选择

食材过渡法则P19

食补
（铁、钙、
DHA）
P10

不同食材提供
不同营养
P4

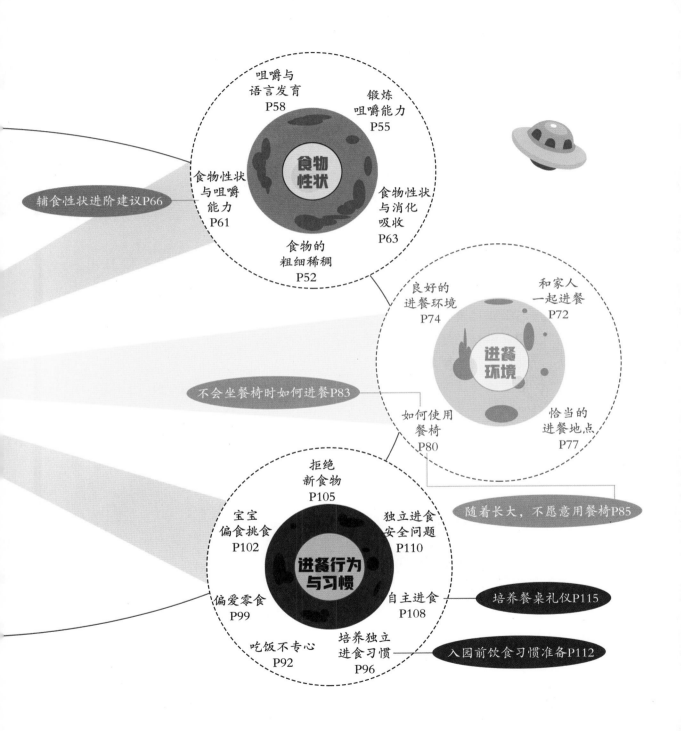

咀嚼与
语言发育
P58

锻炼
咀嚼能力
P55

食物
性状

食物性状
与咀嚼
能力
P61

辅食性状进阶建议P66

食物性状
与消化
吸收
P63

食物的
粗细稀稠
P52

良好的
进餐环境
P74

和家人
一起进餐
P72

进餐
环境

不会坐餐椅时如何进餐P83

如何使用
餐椅
P80

恰当的
进餐地点
P77

随着长大，不愿意用餐椅P85

拒绝
新食物
P105

宝宝
偏食挑食
P102

独立进食
安全问题
P110

进餐行为
与习惯

偏爱零食
P99

自主进食
P108

培养餐桌礼仪P115

吃饭不专心
P92

培养独立
进食习惯
P96

入园前饮食习惯准备P112

CONTENTS
目　录

Part ❶ 食材选择

Part ❷ 营养搭配

Part ③ 食物性状

Part ④ 进餐环境

Part ⑤ 进餐行为与习惯

Part ⑥ 饮食与生长发育

食物性状

进餐环境

营养搭配

进餐行为与习惯

食材选择

饮食与生长发育

Part 1 食材选择

排队去！

食材选择

根茎类　　叶类　　菌类　　藻类　　肉和蛋

鱼、海虾或贝类

为了宝宝，全家的饮食尽量少油、少盐、少糖，保留食物本来的味道。

除了三顿正餐，还会给宝宝在两餐之间吃些水果。我都是从超市买进口的那种，虽然贵，毕竟是给宝宝吃的，就得买最好的！

蔬菜

在食材选择上，每一餐都要荤素搭配。

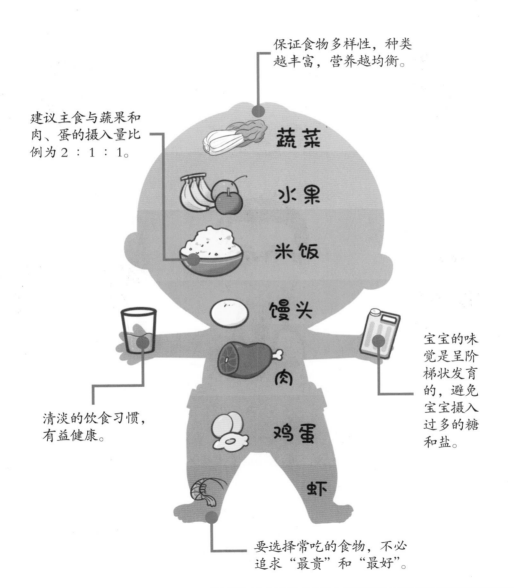

保证食物多样性，种类越丰富，营养越均衡。

建议主食与蔬果和肉、蛋的摄入量比例为 2∶1∶1。

蔬菜

水果

米饭

馒头

肉

鸡蛋

虾

宝宝的味觉是呈阶梯状发育的，避免宝宝摄入过多的糖和盐。

清淡的饮食习惯，有益健康。

要选择常吃的食物，不必追求"最贵"和"最好"。

3

不同食材能为宝宝提供什么营养素

★ 注重食材种类的丰富性，并注意食材搭配，重视碳水化合物的摄入，避免单一营养素重复或大量摄取，用以确保宝宝摄入全面的营养。

不良影响

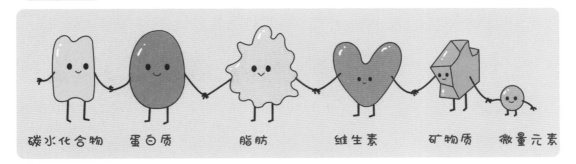

碳水化合物　　蛋白质　　　脂肪　　　维生素　　矿物质　微量元素

⭐ 碳水化合物、蛋白质、脂肪、维生素、矿物质和微量元素需要均衡摄入，缺少任何一种都会引发营养不良，影响健康。

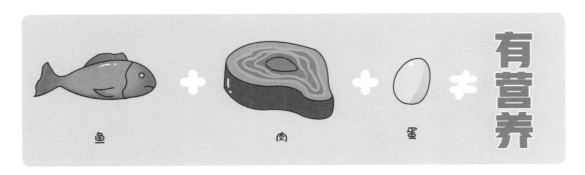

鱼　　　　　　　　肉　　　　　　蛋　　　有营养

⭐ 在饮食上如果种类单一、比例搭配失调，即使看起来吃得丰盛，也一样会导致营养不良。比如一顿饭只有鱼、肉、蛋，看起来很有营养，实际上却搭配失当。

⭐ 搭配失当，不但可能会导致维生素的缺乏，还可能会变相影响其他营养素的吸收。

宝宝的饮食应该确保四大类食物的摄入

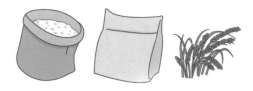

⭐ **1 主食类（包括各种米、面、杂粮）**

这类食材主要提供碳水化合物，让宝宝获得足够的热量，保障生长发育的基本需求。

⭐ **2 鱼禽肉蛋类**

主要成分是蛋白质和脂肪，也会让宝宝从中获取到脂溶性维生素、矿物质和微量元素。

⭐ **3 蔬菜水果类**

它们可以为宝宝提供丰富的膳食纤维、维生素和微量元素。这些营养在宝宝的生长发育过程中不可或缺。

⭐ **4 奶、大豆和坚果类**

这些是优质蛋白质和钙的主要来源，同时可以作为脂肪、微量元素和矿物质的补充。

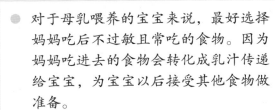

- 对于母乳喂养的宝宝来说，最好选择妈妈吃后不过敏且常吃的食物。因为妈妈吃进去的食物会转化成乳汁传递给宝宝，为宝宝以后接受其他食物做准备。
- 对于配方粉喂养或断奶的宝宝来说，最好选择家中常吃的食物，进而减少宝宝过敏的可能性。

鸡蛋

山药

油菜

深海鱼

牛肉

MILK

听说吃燕麦好，那能不能给宝宝吃点燕麦制品呢？

如果某种食材妈妈自己吃着都不舒服，或者从来没吃过，那最好还是不要过早给宝宝尝试。在给宝宝吃燕麦前，妈妈想想自己有没有吃过，如果妈妈不曾吃过燕麦，那就没有必要为了补充营养而给宝宝吃，燕麦中类似的营养成分可以从其他渠道获得。

过敏

生长缓慢

偏食

食欲不佳

● 现在的家长总想给宝宝吃些"高级食物",这些食物家长从未尝试过,不知道吃完以后是什么感觉,所以也不知道宝宝吃了会不会不舒服。这种想法往往会造成宝宝出现过敏、生长缓慢、偏食、食欲不佳等问题。这种时候,家长往往不能第一时间察觉。因此,给宝宝选择食物的时候,要与父母的日常饮食习惯保持一致。

食补究竟怎么补

补充维生素D，有利于促进钙的吸收。

人体吸收利用DHA的量是有限度的，超出的部分只会和其他类型的脂肪一样，被作为供应身体的能量代谢掉。

如果骨骼中本就不缺钙，此时额外补充的钙就变成了多余的钙，这些多余的钙就可能会跑到血液中，附着在肝、肾、脾、大脑、心脏等器官上，出现器官的钙化，进而引发更严重的后果。

单一且过量地补钙，未被吸收的钙会集中在宝宝的肠道中，与脂肪结合，导致便秘。

过量补充铁、钙也会影响其他二价阳离子的吸收。

钙　DHA　铁　维生素D

大脑

肝

心脏

脾

肾

脂肪

便秘

11

补铁

- 足月出生的健康宝宝，在母体中储存的铁会"按需释放"，一般能维持到 6 月龄。因此，小宝宝不需要额外补铁。宝宝满 6 个月后，需要通过食用含铁的辅食，来保证铁的摄入。家长可以给宝宝吃一些含铁量高的红肉、绿叶菜等食物。
- 如果检查出宝宝缺铁，也不要盲目食用铁剂。通常来说，如果是轻度的缺铁，可以通过食补来解决；程度较重时，需要考虑补充铁剂。由于铁剂对胃的伤害比较大，服用后常会影响食欲。因此，对于是否需要通过药物补充铁剂，一定要请专业医生来判断。

补钙

- 添加辅食之前，只要保证母乳或配方粉喂养量充足，其中含有的钙，已经能够满足宝宝的身体所需了，根本不需要额外补充。添加辅食之后，只要饮食均衡，生长发育指标正常，就无须补钙。

◆ 真正对钙的吸收有助推作用的是维生素D。它在人体内的实际含量虽少，但作用巨大。维生素D能够使钙元素通过血液到达并沉积在骨骼内，促进骨骼的生长。

◆ 如果维生素D摄入量不足，会直接影响钙的吸收。因此，应考虑宝宝日常饮食营养搭配是否均衡，确保足量的维生素D的摄入。

◆ 如果家长担心宝宝维生素D摄入不足，可以检测一下血液中维生素D的水平。如果血液中维生素D水平偏低，家长可在医生指导下，酌情为宝宝额外补充一定量的维生素D。维生素D的补充并不是多多益善的。如果过量补充，还可能造成中毒，因此需要专业医生的指导。

补 DHA

- DHA 是一种脂肪，属于长链多不饱和脂肪酸。
- DHA 能够增加神经细胞间信号的传导速度，表现在人体上，就是人们对外界的反应更快一些。因为这一点，再加上 DHA 基本无法靠人体自身合成，所以家长就会觉得，为了宝宝大脑的发育，得单独补充 DHA。
- 提高神经细胞传导速度并不能等同于提高智商。何况这种"速度"的提高，也仅仅是相比较于严重缺乏 DHA 的人群来说的。
- 其实，人体对 DHA 的需求量并不是很高。母乳和配方粉中都含有足够宝宝所需的 DHA，如果宝宝每天摄入足够的奶量，就不需要再额外补充了。

怎么正确看待调味料

妈妈做了这么多好吃的!

我要开动啦!

一点味道都没有!

真难吃!

果真没味道啊!

该放点什么调味料呢?

☆ 1 岁之内的婴儿不要额外添加调味料。

☆ 2 岁之内的宝宝,能添加的调味料主要是盐和糖,而且要尽量少加调味料。

☆ 2 岁以后,宝宝基本可以和大人一起吃饭了,建议全家尽可能少吃盐和糖。

可以给宝宝放点酱油吗？儿童酱油？

酱油和盐的主要成分一样，都是氯化钠，而不是钠。给宝宝选择普通的调味品就好，原始的就是最安全的，不需要刻意追求"儿童专用"。母乳、配方粉、米粉、蔬菜中都含有钠，已经能够满足 1 岁以内宝宝需求了。

（氯化钠）

（氯化钠）

（钠）

蔬菜

母乳
（钠）

米粉
（钠）

配方粉
（钠）

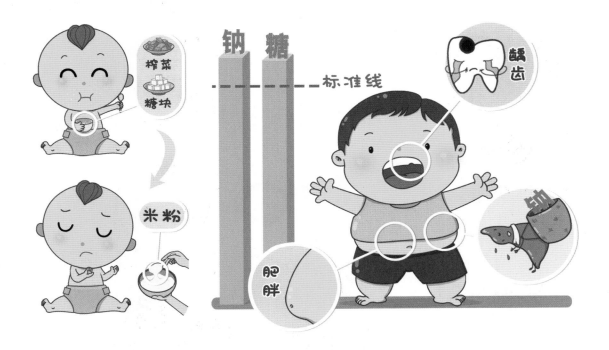

★ 人天生就对咸味和甜味敏感，如果宝宝过早接触带有甜味和咸味的食物，他们很快会对味道平淡的食物失去兴趣，很容易挑食和厌食。

★ 太小的宝宝，各个脏器还没有发育完善，肾脏代谢能力有限。摄入过多的钠，会增加脏器的负担，对健康产生不利影响；摄入过多的糖，还会造成龋齿、肥胖等问题。

★ 所以，在宝宝能接受的情况下，盐和糖的添加要尽可能少。

宝宝的味觉发育呈阶梯状特点。

最初可以接受无调味料的食物，可是过一段就会觉得索然无味。

没兴趣后，再稍加一点点调味料，又会接受新的味道。

家长稍加一点调味料就能重新激发宝宝的吃饭兴趣。

最后，宝宝的口味变得和家人相似了。

🔵 宝宝对食物的兴趣才是决定是否添加调味料的依据。每个宝宝需要添加调味料的信号出现的时间不同，家长千万不能以宝宝的年龄或自己的口味来判断是否应该给宝宝添加调味料。

辅食添加的时机和食材过渡法则

★ 世界卫生组织（WHO）、《中国居民膳食指南》都明确提出，足月的健康宝宝，应该在满 6 月龄后添加辅食。

★ 除了符合"宝宝满 6 月龄"这一条件，还需通过考量"宝宝对大人吃饭有反应""在保证奶量的情况下宝宝的生长发育速度变缓"这两个要素，来综合判断宝宝是否到了添加辅食的时期。

宝宝该吃辅食了，给宝宝吃什么好呢？

从理论角度来说，如果宝宝到了添加辅食的时期，家长首次给他添加的食物应该是富含铁的婴儿营养米粉或肉泥。结合我国饮食习惯，一般情况下，推荐食用婴儿营养米粉。

6月龄

◆ 添加米粉一至两周后，如果宝宝没有出现异常，比如没有出现湿疹、腹泻等过敏问题，也没有消化吸收问题，就可以添加菜泥和果泥了。

6.5月龄

◆ 在添加菜泥和果泥时，考虑中餐的饮食习惯，菜泥可以和米粉混在一起喂，果泥要单独喂。蔬菜分为叶子青菜和块状菜，最好先添加叶子青菜，后添加块状菜。

7月龄

◆ 接受菜泥及果泥之后，便可添加肉泥。肉泥也要和米粉及菜泥相混合，一方面可以保障营养摄入均衡；另一方面则可以避免宝宝挑食、偏食。

8月龄

◆ 在添加了米粉、菜泥、果泥、肉泥之后，就可以添加蛋黄了，在这个时间点加蛋黄，可以防止过敏。

◆ 添加新辅食时，应在添加一类食物之后暂停，然后添加下一类的食物。比如添加三四种蔬菜之后，换成肉类，再继续添加之前没有尝试过的蔬菜。这样既不耽误肉泥的添加时机，又能保障婴儿饮食营养结构的均衡。

真好吃!

那里有菜菜!

呃! 宝宝你又没吃饱?

菜菜! 菜菜!

你还小, 不能吃这个。

宝宝什么时候能吃大人吃的饭啊?

★ 满 1 岁后, 随着宝宝消化和免疫功能的增强, 可以逐渐地添加一些新的食物, 进一步丰富他的"食谱"。例如, 添加鲜奶及奶制品、大豆及豆制品、虾、蛋清等, 但需要一种一种地添加并观察宝宝的接受情况。

有些食物，过早添加，可能会增加宝宝过敏的风险。过晚添加，融入家庭习惯晚，营养摄入食材范围狭窄，可能会影响到宝宝的生长发育。

坚果

不要让宝宝过早摄入坚果，首次添加时至少应该满1岁。考虑到宝宝的咀嚼和吞咽情况，最好把坚果加工得细碎一些，甚至磨成粉，添加在辅食中。需要注意的是，添加时应从少量开始，观察宝宝有没有过敏反应，不过敏才可以逐渐加量；一旦发生过敏，就要立刻停止添加。

鲜奶

1岁以后，除了母乳和配方粉，推荐的"饮料"就是鲜奶和自制酸奶。它们不仅不含额外的添加剂，还能补充一些对身体有益的活性物质。

❀ 很多家长认为鲜奶不如配方粉营养丰富，这是事实。但鲜奶在活性物质上却比配方粉略胜一筹。而对于 1 岁以后的宝宝来说，辅食的种类和量已经越来越多了。很多营养元素都可以从"饭"中获取，宝宝不再单纯地靠"奶"喂养，所以即使鲜奶本身营养不够均衡也没关系。

如何选购鲜奶

❀ 鲜奶是将挤出来的新鲜牛奶，经过巴氏消毒、未加任何添加剂的牛奶。但并不是所有经过巴氏消毒的牛奶都是鲜奶，现在市面上有很多所谓的"儿童鲜牛奶"，其中含有很多添加剂，并不是真正意义上的"鲜奶"。

- 真正的鲜奶，并没有"儿童"还是"成人"之分。在挑选鲜奶的时候，"巴氏消毒"和"无任何添加剂"这两个条件缺一不可。一般情况下，凡是需要冷藏保存的、保质期不超过3天的牛奶，通常就是鲜奶。
- 宝宝能喝酸奶吗？由于酸奶是鲜牛奶经过乳酸菌发酵而成的，含有大量的益生菌，可以促进人体消化和吸收、维护肠道菌群平衡、提高免疫力；所以可以肯定的是，宝宝喝酸奶是有好处的。
- 目前，市面上销售的一些酸奶，其实大多不是真正的酸奶。有些是经过乳酸菌发酵后，加入了一些添加剂；还有一些其实仅仅是乳酸菌饮料，里面甚至不含益生菌。这些所谓的"酸奶"，对人体并没有好处。怎样才能喝到真正的酸奶呢？其实方法很简单，家长可以在家自制酸奶。

如何自制酸奶

* 可以用家用酸奶机、益生菌和鲜奶来制作酸奶。自制酸奶时，酸奶的稀稠度和酸度都可以自由把握。制作的时间越长，口味就越酸，同时也会越稠；制作的时间短一些，就没有那么酸，也会稀一些。

家用酸奶机

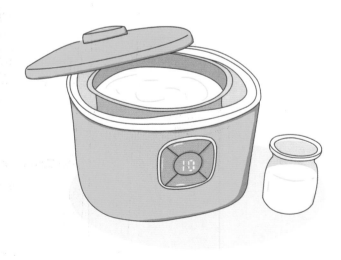

- 只有鲜奶才能发酵出酸奶，而含有添加剂的液体奶，就不能保证可以做成酸奶。如果宝宝嫌酸不爱喝，可以加些自制的果泥，使得口味没有那么酸。
- 有些家长会说："外面卖的酸奶里面有益生菌。"其实，其中所含的益生菌的量，对于保证肠道健康来说，作用很小，反倒会让宝宝喝进去不少添加剂。这样想想，有点儿得不偿失。
- 如果让宝宝喝酸奶，是为了丰富他的口味，那么建议在家自制酸奶；而如果想通过酸奶给宝宝补充益生菌，则建议直接给宝宝吃正规益生菌制剂。

- 满 1 岁后，宝宝可以跟家人一起进食偏细、偏软的食物。但千万不要让宝宝过多地接触调味品，以免刺激味觉过早发育，引起"厌食"。
- 由于家长的饮食表现会影响宝宝的饮食习惯的形成，因此家长要做好正确的引导，不要在进餐时看电视、玩手机等。此外，这个阶段的宝宝会表现出强烈的自我意识，他会抢过勺子自己吃。建议家长满足宝宝的需求，适当提供机会让他尝试。

宝宝饮食注意要点

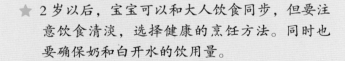

★ 2岁以后，宝宝可以和大人饮食同步，但要注意饮食清淡，选择健康的烹饪方法。同时也要确保奶和白开水的饮用量。

★ 2岁以后，宝宝基本可以和成人饮食同步了，与家人共同进餐可以给宝宝更多的参与感，并让宝宝适应家庭饮食习惯。

需要注意

★ 在同步饮食过程中应做到饮食清淡。宝宝对钠的需求量以及肝肾的代谢能力和成人有差异，清淡的饮食方式更有利于宝宝的健康成长。

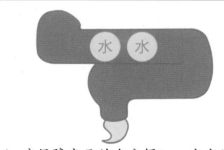

★ 应保障充足的水分摄入。宝宝的新陈代谢旺盛，活动量大，对水分的需求量较多，水量不足会影响体内循环和代谢物的排出，对健康不利。

◆ 在食材选择上，基本可以和成人同步，但应注意不要选择高糖、高盐或腌制类的不健康食品。

◆ 烹饪方式尽量偏向宝宝的需求，选择蒸、煮、炖、煨的方法，并且尽量少加调味料，以保持食材天然的味道和质地。

◆ 多喝白开水，不要用饮料、果汁等液体代替水。

 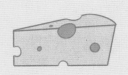

◆ 每天尽量给宝宝 300~400ml 的奶或相当分量的奶制品。

Part2 营养搭配

营养搭配

"早餐应该从简，给宝宝吃个鸡蛋羹，再吃点水果就可以了。"

"是这样吗？总觉得哪里不对！"

图书馆

"原来早餐若只摄入蛋白质，宝宝消化吸收时，需要先代谢消耗，将一部分的蛋白质转化成能量，再使剩余的蛋白质发挥作用。这样做既浪费了蛋白质本身的营养，又增加了宝宝肠胃的负担。所以，给宝宝的每一餐都应该既有含碳水化合物的主食，又有含蛋白质的肉、蛋和含维生素的蔬菜。"

"妈，我查过资料了，咱们给宝宝的三餐中应该有主食、肉、蛋和蔬菜。不仅如此，辅食和奶的量，也应该满足宝宝的实际需求。"

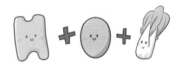

需求

在掌握喂养原则的基础上，充分了解宝宝的需求，按照宝宝自身特点安排饮食，实现真正的科学喂养。

宝宝处于长身体、增体重的阶段，需要充足的碳水化合物来提供能量。

家长大多对主食不在意，觉得没什么重要营养。其实，主食是碳水化合物的最主要的来源。

主食摄入不够，就容易导致宝宝摄入热量不足，影响生长发育。

每餐都应有主食、肉、蛋和蔬菜。

如何做到每餐营养均衡

妈妈做了这么多好吃的！

妈妈又给我做了炸鸡腿！

你只吃这个啊？

从小到大，我就爱吃这个！

呼哧…

嗖！

Ha Ha Ha

下次，冠军就是我的！

从营养学的角度来说，人体需要六大营养素：碳水化合物、脂肪、蛋白质、维生素、矿物质和微量元素。只有全都满足了，才能保证健康。

简单来说，就是吃得越杂越好。一旦食物种类丰富起来，不论是共有的营养素，还是各自特有的营养素，都可以获得。

因此，宝宝的饮食应该包括主食、蔬菜、肉类和水果。

❀ 营养不均衡，宝宝容易形成挑食、厌食的习惯。

❀ 饮食结构不合理，营养摄入不均衡，长此以往，可能会影响宝宝的生长发育。

碳水化合物

碳水化合物主要从粮食中获取。

对于成人来说，选择哪种粮食作为主食，主要是根据外部环境和自己的意愿来决定的。比如从前大家都追求吃白米白面，现在越来越多的人为了健康，主食吃杂粮。这就是基于条件和认知的改变而出现的新选择。

但是对于宝宝来说，选择主食时，除了考虑环境和意愿，还必须遵循更容易消化和更安全这两个原则。这也是给宝宝挑选所有食物的通用原则。大米加工起来简单方便，也容易消化吸收，而且致敏性极低，对于宝宝来说安全性更高，适宜作为宝宝的主食。之后可逐步把主食的种类慢慢扩大到小麦和其他粮食作物。

脂肪

除了碳水化合物，脂肪对宝宝也相当重要。

刚开始吃辅食的时候，家长通常不愿意让宝宝吃油，总认为等到宝宝能吃肉了，才能吃油。

其实宝宝每天吃的配方粉、婴儿米粉、成品辅食泥中，基本上都含有油脂成分。此外，日常挤奶的妈妈会发现，储奶袋里的母乳表面也会有一层油脂。这就表明，宝宝的肠胃从一开始就能够接受油脂，所以家长是可以给宝宝添加一些植物油的。植物油对宝宝整体脂肪量的摄入有重要意义，应该挑选品质合格的植物油。

此处强调的是品质合格，而非价格昂贵。很多所谓的高档油宣称富含 $\alpha-$亚麻酸，宝宝吃了可以更聪明，这完全是一种夸大的误导。$\alpha-$亚麻酸在体内经过代谢的确可以生成DHA，但产生率极低，最多为0.5%。这还不如直接给宝宝吃深海鱼有效果，所以，家长只要选择安全合格的植物油就可以了。

蛋白质

除了奶以外，蛋白质含量比较高的是肉类。

肉又分为红肉和白肉，红肉主要指猪肉、牛肉、羊肉等，而白肉指鸡肉、鸭肉、鱼肉等。两种肉的主要区别在含铁量上。红肉的红色来自肌红蛋白，肌红蛋白富含铁。白肉虽然没有肌红蛋白，但也有自己的特点，比如脂肪含量低。

综合而言，并没有哪种肉更好的说法。家长应该把两者搭配起来，让宝宝交替着吃，这样才能让宝宝在获得足量蛋白质的基础上，同时摄入其他营养。

维生素及矿物质、微量元素

维生素分为水溶性和脂溶性两类。水溶性维生素包括维生素 C、维生素 B 等，广泛存在于蔬菜和水果中。由于这种维生素在人体内无法储存，必须每天摄入。因此，宝宝每天都要食用一定量的蔬菜和水果。

脂溶性维生素包括维生素 A、维生素 D、维生素 K 等。它在人体内是有储存池的，只有长期缺乏才会出现问题。因此，要经常吃含有脂溶性维生素的食物，比如绿叶菜、胡萝卜等。不过脂溶性维生素里有个例外，那就是维生素 D，它在食物中含量比较少。它往往通过光照皮肤来获取，会受到地理、天气、时间、穿着等因素的干扰，影响摄入量；所以非热带地区的宝宝，有必要通过专门的补充剂来补足维生素 D。

矿物质、微量元素储存在肉类、蔬菜、水果中，它们和脂溶性维生素一样，都会在人体内储存一定的量，因此只要经常摄入就可以了。

奶及奶制品在宝宝饮食中的比重

40

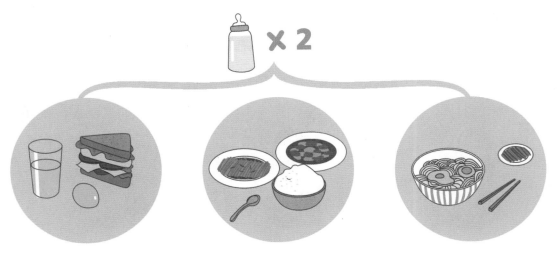

★ 在三餐的基础上，可以每天给宝宝添加 1~2 次奶作为补充。

★ 既可以选择配方奶，也可以选择鲜奶、酸奶。如果宝宝能接受奶酪等其他奶制品，也可以。

★ 宝宝爱喝奶不爱吃饭的话，尽量让宝宝在饥饿的时候先吃饭，之后再喝奶。

41

真的有食材"相生相克"吗

◆ 关于"食物相克",没有科学依据,是没有参考价值的。

◆ 退一步讲,要想达到理论上的有害值,一个人要吃下去的食物量也将远远超过人体的承受能力,所以日常食用量很难达到食物相克的水平。

◈ 对于食物相克的误解，会让家长在食材选择上受到过分限制，也会给家长心理造成很多不必要的压力。

◈ 在给宝宝准备食物时，首先要考虑是否适合宝宝的咀嚼吞咽能力，以及是否会引起宝宝过敏。在这个前提下，选择的食材尽量新鲜、种类丰富就可以了。不必过分担心所谓的"食物相克"问题。

怎么看待宝宝饭量忽大忽小

星期一

星期二

星期三

星期四

星期五

◆ 判断饮食是否影响了宝宝的生长发育，不是依据某几次饭量的多少，而是要以宝宝的生长曲线为判断标准。

◆ 如果宝宝没有其他不适或疾病，生长曲线也正常，那么应尊重宝宝，允许宝宝的进食量有适当的起伏。

★ 即使在正常情况下，人的每餐进食量也可能会有 20% 的上下浮动，所以家长不需要强迫宝宝每顿饭都吃得一样多。宝宝会根据自己的需要作出调整。过于勉强会让他对进餐产生抵触情绪，不利于良好习惯的养成。

★ 宝宝某一两顿饭量的多少并不会影响整体生长，应该坚持记录生长曲线，结合生长曲线及身体反应来了解宝宝的生长发育情况。

1 ◆ 根据宝宝的进食习惯，家长做饭时可以做得比平时饭量略多一些，防止宝宝胃口比较好的时候不够吃。

2 ◆ 如果宝宝在进食过程中表现出不想再吃，就不要勉强他继续进餐，让他自己决定吃多少就好。

3 ◆ 如果宝宝这一顿确实吃得太少，可以适当提前下一顿饭的进餐时间，注意两顿饭之间尽量不要给宝宝太多零食、点心，也可以带宝宝多活动，增加消耗，进而提高食欲。

4 ◆ 注意记录宝宝的生长曲线，如果生长曲线正常，就不必在意宝宝每顿饭的具体量。

2 岁前的营养需求及配比原则

★ 2 岁前，宝宝的饮食结构变化较大，配方奶和辅食的量要根据年龄的变化而变化。

★ 添加辅食初期，宝宝对辅食的接受度和咀嚼消化能力有限，应以奶为主，辅食为辅。到了后期，需要逐渐过渡到以辅食为主，配方奶为辅的状态，以满足生长发育的需要。

★ 0~6 月龄：以母乳或配方粉为全部营养来源。

★ 6~12 月龄：以奶为主，辅食为辅。在 1 岁前要保证每天 600~800ml 的奶量，在此基础上，逐渐增加辅食种类和量。

★ 12~18 月龄：从 1 岁开始过渡，每天应摄入不少于 400ml 的奶量。
1 岁半后辅食慢慢替代奶，作为宝宝营养的主要来源。

★ 2 岁：基本可以实现与成人饮食同步。需要注意的是，无论哪样食物都不可以提供宝宝生长的全部营养，挑食、偏食很容易造成营养不良，辅食应该丰富多样。

营养搭配实验室

Part3 食物性状

食物性状

宝宝一岁半的时候不爱吃肉，后来才知道他是不太会咀嚼。

以前，我担心宝宝不消化，总是把饭做得很细软。

直到宝宝连整块的菜都吃不了，我才意识到问题的严重性。

先从宝宝爱吃的玉米开始，慢慢地学会了咀嚼。

现在，宝宝能接受的食物颗粒越来越粗，饮食的种类也越来越丰富。

担心宝宝嚼不烂，将食物过度加工，这样对宝宝的发育并不好。

食物性状一直太细，宝宝口腔肌肉得不到锻炼，会出现发音不清的现象，影响语言发育。

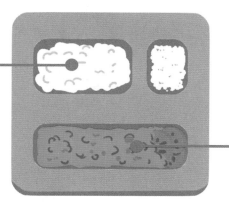

食物加工过细，食物本身营养素流失比较大，影响营养摄入量。

宝宝终归要跟成人一样咀嚼，要吃比较硬的固体食物。

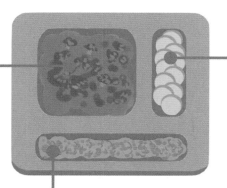

不要限制宝宝学习咀嚼、探索食物的兴趣和权利，更不要阻碍宝宝的成长。

如何正确理解食物的粗细、稀稠

- 关于食物性状，应遵循两大原则：由细到粗、由稀到稠。
- 由细到粗，指的是食物颗粒由小到大；由稀到稠，指的是食物的黏度由小到大。具体食物的粗细、稀稠，也一定要根据宝宝的吞咽、咀嚼能力和接受度来综合衡量。

52

加工食物时，如果不考虑宝宝的接受度，宝宝食用后可能会出现大便中有食物颗粒、咀嚼能力差、体重增长缓慢等情况。

细和稀，粗和稠，是两组不同的概念，细不等于稀，粗不等于稠。食物颗粒是"细"的，并不代表辅食就是稀的；食物颗粒是"粗"的，也不代表辅食就一定是稠的。

真稠、假稠

粥、面这种主食容易吸水，放一会儿就膨胀成一大碗，看似很多、很稠，但实际是假的多、假的稠。汤被主食吸走后，实际粥、面的量并没有因为膨胀而增加。

因此，要真正理解稀稠，从而正确评估宝宝的进食量。

粗细、稀稠，要综合考虑

以磨牙饼干为例，磨牙饼干的密度很高，性状"稠"得像小砖头，但一入嘴沾到唾液，立刻就会变成很细腻的糊糊；因此，细和稠也是可以同时存在的。可以根据宝宝的实际情况，给他准备粗细、稀稠适当的食物。

家长多做示范，引导宝宝学习咀嚼动作。要根据宝宝的能力，循序渐进地提供不同性状的食物，既不要落后也不要超前于宝宝的咀嚼能力。

● 在学习咀嚼时，是先有嚼的动作，出牙之后才有嚼的效果。在磨牙萌出之前，家长应该有意识地引导宝宝学习咀嚼动作。例如，在给宝宝喂饭时，家长可以同时咀嚼口香糖之类的食物，并做出夸张的咀嚼动作。

● 在宝宝的磨牙萌出后，可以循序渐进地提供颗粒状和块状食物，让宝宝适应由细到粗的食物性状，练习咀嚼食物。

● 在宝宝练习咀嚼的过程中，家长可以通过一些夸张的表情，或者数一数嚼几下的方式，鼓励宝宝嚼细后再咽，逐渐形成良好的进食习惯。

咀嚼能力并不是与生俱来的，而是需要后天学习。正确引导不够，宝宝就无法认识、了解咀嚼的动作，即使长出了磨牙，也不能拥有良好的咀嚼能力。

宝宝学会了咀嚼动作，在长出磨牙后，就需要给宝宝机会练习咀嚼。如果总是给宝宝不需要咀嚼就能直接吞咽的食物，时间一长，宝宝就没有要咀嚼的意愿了。

咀嚼能力低下，不但影响消化功能，还会影响面部肌肉和颌骨发育，对将来宝宝的语言发展和身体发育也有负面作用。

咀嚼能力对语言发育的影响

哎呀，宝宝的大牙长出来了。

啊…

奶奶把面条捣成糊糊。

宝宝都长大牙了，不能老吃糊糊了！

哪能一下子就吃菜段段！哎哟，你看这宝宝卡的！

宝宝，你都不会用手吗？

我家宝宝快2岁了，说不清妈妈。

那就有点晚了，得看医生啊！

🌸 如果咀嚼能力得不到发展，不仅会影响宝宝的消化吸收进而影响生长进程，还会影响宝宝的语言功能发育，很可能造成吐字不清的情况。因此，要适当给宝宝"嚼"的机会，充分训练咀嚼能力。

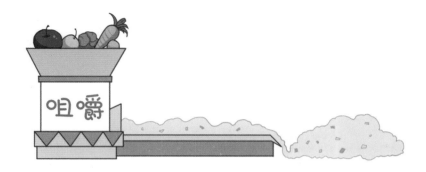

💮 咀嚼可以将食物嚼细，是消化环节中重要的一部分。宝宝可以通过咀嚼，把食物性状变成适宜自己的程度，从而更有效地汲取食物中的营养成分，促进身体健康生长。

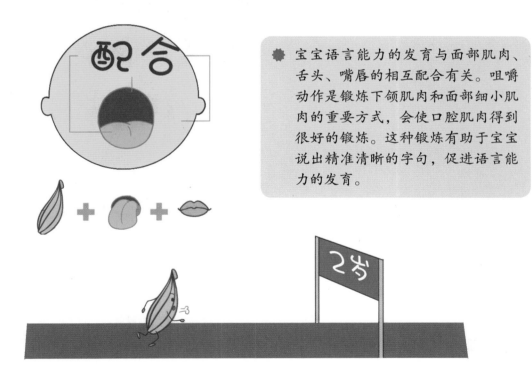

💮 宝宝语言能力的发育与面部肌肉、舌头、嘴唇的相互配合有关。咀嚼动作是锻炼下颌肌肉和面部细小肌肉的重要方式，会使口腔肌肉得到很好的锻炼。这种锻炼有助于宝宝说出精准清晰的字句，促进语言能力的发育。

值得注意的是，面部细小肌肉在 2 岁半时基本完成发育，如果在此之前没有得到很好的发育，那么就很难再发育到正常水平了。

要根据宝宝的咀嚼能力调整食物性状

- 家长提供的食物性状，应以宝宝的咀嚼能力为基础。刚开始吃辅食，宝宝胃肠功能发育还不完善，也无法咀嚼，如果食用过粗的食物，宝宝难以消化吸收，会出现吃什么拉什么的现象。
- 如果宝宝明明已经长出牙齿，也初步掌握了咀嚼动作，家长继续给他吃过细的食物，则会影响咀嚼功能的发育。

61

在宝宝还没有长出磨牙、咀嚼能力不强时，要用泥糊状食物为宝宝提供营养，同时家长要多用夸张的咀嚼动作引导，培养宝宝咀嚼的意识，给他练习咀嚼的机会。

在保证食物性状精细的前提下，家长还可以慢慢把食物变稠，锻炼宝宝的咀嚼能力。比如磨牙饼干本身密度很高，但一入嘴沾到唾液，立刻就会变成很细腻的糊糊，比较安全。

宝宝掌握咀嚼动作后，根据他的接受能力和发育特点，按照由细到粗、由稀到稠的原则，逐渐调整食物性状，避免始终吃过于细软的食物。

如果宝宝排便中总是出现大量未经消化的食物颗粒，说明宝宝的咀嚼能力还不够，需要调回到细一些的食物。等待一段时间后再试，并继续加强咀嚼锻炼。

提供符合宝宝消化能力的食物

❋ 食物的性状直接影响宝宝消化吸收的效果。
❋ 家长应根据宝宝的消化吸收能力，提供食物性状合适的食物，这样食物的营养才能够被有效地吸收。

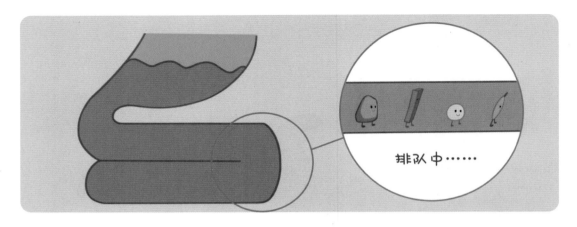

★ 食物性状与宝宝的吞咽、咀嚼能力不相符，可能会影响宝宝消化食物，从而大便中出现很多未消化的食物颗粒。

★ 这样，看似吃了很多的饭，但是没被完全消化，其中的营养更不可能被有效地吸收，时间长了就会影响宝宝的生长发育。

★ 同时，如果食物性状没能够随着宝宝吞咽、咀嚼能力的发展而变化，还会影响口感、降低宝宝对食物的兴趣。

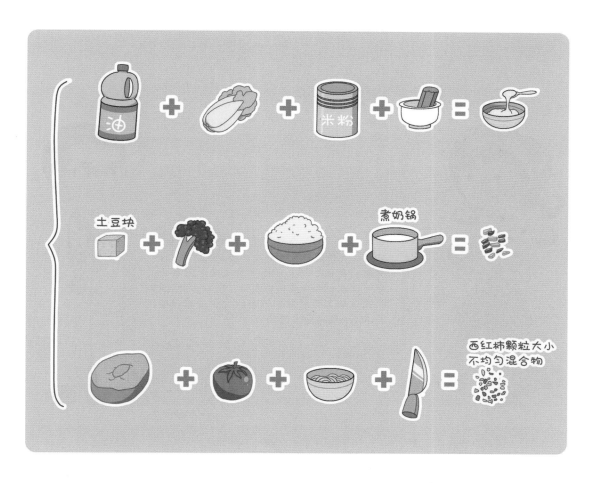

★ 提供给宝宝适合月龄阶段的，符合胃肠发育水平、咀嚼能力的食物，让宝宝有能力消化，且最大程度的吸收，从而保证正常的生长发育。比如：宝宝未出牙时一开始添加的辅食是泥糊状，长出牙齿后慢慢在糊状辅食中加入碎末状食物，比如小肉末、碎菜末之类的。如果宝宝能够接受且大便中没有明显的食物颗粒，再逐渐变成小块状。

★ 做辅食时要避免整体化，让食物中有粗有细。这样粗细结合，能够刺激胃肠道消化功能的成熟，有利于消化吸收功能的提升。从口感上来说，宝宝也比较容易接受。

宝宝辅食性状进阶建议

宝宝一直吃泥糊糊不可以吗？食物性状掌握不好有影响吗？

当然有影响！食物过稀，可能会导致进食量不足；食物过粗，可能会出现消化、吸收的问题；食物过细，可能导致咀嚼训练不足，影响口肌和面部肌肉的发育。所以食物的性状应该加工到和宝宝咀嚼能力相符的程度，而不是一味地打成泥。

◆ 给宝宝吃糊状食物，是为了完成从液体食物到块状食物的过渡。等宝宝适应后，应从糊状过渡到糊中带有颗粒性状的食物。等宝宝磨牙萌出后，就可以吃块状食物了。

◆ 只要宝宝有了很好的咀嚼能力，即便没有长出磨牙，他用牙龈也能嚼碎一些小块状的食物，家长可以适当地添加小块状食物。

◆ 家长要根据宝宝的咀嚼能力和发育水平决定块状食物的大小。一般先从细小的块状食物过渡到稍大点的块状物，直至成人食物。

◆ 添加块状食物后，在宝宝的大便中经常能看到食物残渣。这表明所吃的食物并非百分百能被吸收，未被吸收的食物会随大便排出体外。只要不是大量且完整的食物残渣，就不用担心。它对人体不但没有害处，而且还有利于肠道蠕动。

◆ 辅食的性状要避免整体化，要有粗细差别。这种粗细不一的性状，与大人咀嚼后的食物性状类似，有利于促进消化吸收功能的成熟。

Part4 进餐环境

进餐环境

"唉！又是宝宝跑到哪就追到哪，总觉得这样不好。吃饭应该是一件有仪式感的事情，应该在固定的地方和家人一起吃。"

和家人同步进餐，能让宝宝感受到被平等对待，有益于提高进餐兴趣。

在固定的时间和地点进餐，可以让宝宝形成条件反射，起到诱导饥饿的作用。

重要的是要让宝宝建立进餐规则，给宝宝一个愉悦的进餐环境。

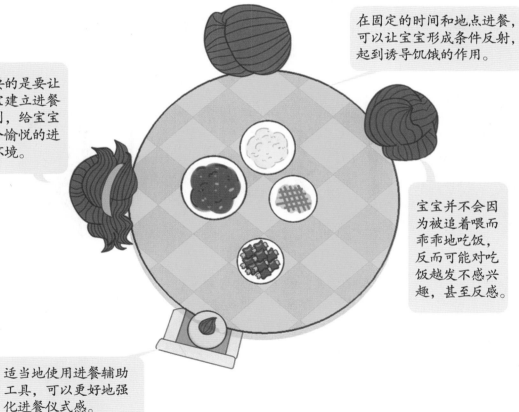

宝宝并不会因为被追着喂而乖乖地吃饭，反而可能对吃饭越发不感兴趣，甚至反感。

适当地使用进餐辅助工具，可以更好地强化进餐仪式感。

让宝宝享有平等的进餐方式

- 对宝宝来说，一个人吃饭是一件很没意思的事，甚至会有"爸爸妈妈不吃，为什么要让我吃"的想法，进而产生对吃饭抵触和反感的情绪。

- 与家人共同进餐，能让宝宝感觉到自己被平等对待，从而消除抵触的情绪，找到进餐的乐趣。同时，模仿的天性也会让宝宝学会一些简单的吃饭技能。

- 因此，家长三餐要和宝宝在同一时间、同一地点吃，培养宝宝的参与感，提高宝宝对吃饭的热情。

家长可以吃给宝宝看，让宝宝和大人之间有一定的互动，增强吃饭的兴趣。

给宝宝盛食物时，可以给宝宝介绍一下食物的名字。

"真好吃！"

"菠菜来了！"

同一水平线

餐桌　桌子

宝宝坐在餐椅里的高度要和家长基本持平。

食物尽量清淡，可以的话，让宝宝和大家的食物保持一致。

营造一个良好的就餐环境

◉ 进餐时不要太过严肃，不要刻板地一味追求"食不言"，更不要批评、指责宝宝。另外，就餐环境不要太过吵闹、嘈杂。

◈ 确保每次吃饭时都保持轻松、愉快的气氛，让宝宝能够开心地进食。虽然不鼓励边吃边说，但如果宝宝有强烈的交谈兴趣，也不必严苛地追求一言不发，可以适度地满足宝宝。

◈ 如果宝宝有不当行为，家长尽量不要在吃饭的时候批评他，可以在餐后再和宝宝沟通。如果实在需要当时解决，那么最好暂时带宝宝离开餐桌。

◈ 宝宝吃饭时不要播放音乐、打开电视或做其他分散注意力的活动，让宝宝尽量集中精神在规定时间内吃完饭。

● 要知道，进餐时轻松愉悦的气氛，有助于增加宝宝吃饭的兴趣。如果一味地压制宝宝，不允许他说话、不允许他有情感的一点点互动，会让他对吃饭这件事产生排斥。

● 吃饭时批评宝宝，容易让他的情绪产生波动，影响胃口，也容易使宝宝因为哭闹而产生呕吐或呛咳。

● 周围过于嘈杂，会让宝宝的注意力转移，不能集中精力吃饭，不仅影响进食量，还会让进食时间过长。长期下去宝宝容易养成边吃边玩的坏习惯。

固定的就餐地点有助于宝宝形成良好的就餐习惯

唉！宝宝什么时候能老老实实吃口饭……

* 固定的就餐地点，对养成良好的就餐习惯非常重要。建议将宝宝的就餐地点固定在平时大人吃饭的地方，并最好使用餐椅。

77

固定的就餐地点可以让宝宝形成条件反射，建立吃饭的程序感和仪式感，更容易诱导宝宝产生进食欲望，也有利于减少其他因素对宝宝就餐的干扰。

餐椅可以让宝宝进餐时安全更有保障，也能帮助宝宝参与到和大人的共同进餐中去。同时餐椅本身也会逐渐变成进餐的标志，让宝宝联想到吃饭。

沙发

游戏区

床

- 不要让宝宝在游戏区内、沙发上或床上进食，应该保证每次就餐都在家庭专门进餐的区域进行。
- 如果到吃饭时间宝宝还想继续玩耍，家长可以适当延长一会儿游戏时间，也可以先就餐，诱使宝宝过来吃，但不能随意更换吃饭地点。尽可能让宝宝每次就餐时都坐在餐椅中，养成良好的习惯。

◆ 一般来说，宝宝6个月左右开始吃辅食，也就是差不多会靠坐时，就可以使用餐椅了。让宝宝养成在餐椅中用餐的习惯，可以帮助他建立对吃饭的"仪式感"，有助于形成良好的就餐习惯。

◆ 选择餐椅时，一定要选择质量过硬、安全、使用方便的餐椅。最好让宝宝跟家人一起进餐，让宝宝感受到参与感，同时要注意宝宝用餐时的安全，比如系上餐椅的安全带、家长在旁看护，千万不要把宝宝独自留在餐椅中。

★ 在每次进餐前将宝宝放到餐椅中，吃完再抱出来，让他建立吃饭就是要在餐椅里吃的概念。

★ 将宝宝的餐椅与大人的餐桌放在一起，并固定吃饭的位置，不要随意调换，并调到与大人入座后同样的高度，让宝宝感受到平等舒适的就餐氛围。

★ 小宝宝生长发育比较快，餐椅容易出现尺寸、高度不合适的情况，要及时调整餐椅的高度和尺寸。

★ 使用餐椅时，要做好必要的安全防护。不要把宝宝独自留在餐椅上，以免宝宝因找不到家长，在餐椅内摇晃、哭闹而出现危险的情况。

★ 让宝宝在餐椅上自己抓取食物，一方面能避免手里没东西无聊，另一方面可以培养独立吃饭的良好习惯，提高吃饭的积极性。

尺寸相符

安全带

同等高度

固定好

宝宝还不会坐，要不要用餐椅呢？用的话选哪种好呢？

宝宝可以靠坐时，就可以使用餐椅了。需要注意的是，使用时间不要太长，使用时家长要在一旁看护。另外，家长可以根据宝宝的接受程度来使用，不必过于强求。

83

❀ 宝宝学会靠坐后，就可以让他坐在餐椅上吃饭了。

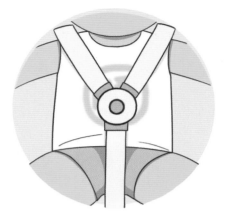

❀ 系好安全带，既能防止宝宝滑落，也有助于宝宝坐得更稳。家长应在一旁看护，在需要的时候帮宝宝调整姿势。

❀ 吃饭时，餐椅靠背应该保持竖直，不要为了让宝宝感觉舒服就把餐椅靠背放倒，宝宝半躺着吃辅食容易呛噎。

❀ 如果家长确实担心，或宝宝接受度不高，可以等宝宝坐稳了之后再使用餐椅。

宝宝越大，越不愿意坐餐椅怎么办

我家小宝 5 个月的时候就用餐椅了。

5个月

HA HA

宝宝不爱用餐椅，也许是饭不好吃。

我家宝宝坐在餐椅里，总是乱动。

HA HA HA

我记得宝宝小时候坐餐椅时，总爱抓碗。

宝宝越长大越不愿意用餐椅，真是没办法！

不要强制约束宝宝用餐椅，要有技巧地引导。同时，要根据宝宝的具体情况调节餐椅，尽量让他感觉舒适。当然，也要给宝宝一定的选择权，让宝宝从坐在餐椅上进食的过程中体会乐趣和平等。

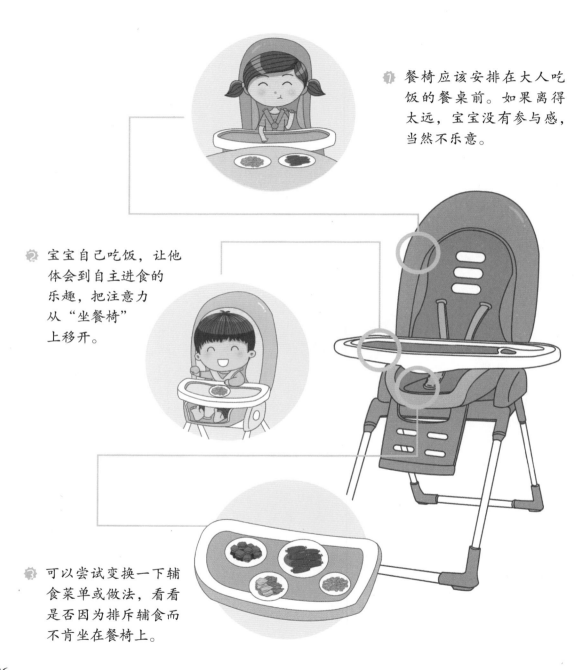

1 餐椅应该安排在大人吃饭的餐桌前。如果离得太远，宝宝没有参与感，当然不乐意。

2 宝宝自己吃饭，让他体会到自主进食的乐趣，把注意力从"坐餐椅"上移开。

3 可以尝试变换一下辅食菜单或做法，看看是否因为排斥辅食而不肯坐在餐椅上。

④ 要根据宝宝的实际需要调整餐椅的高度和空间大小，过于低矮、狭窄，宝宝会感觉压抑。安全带也要松紧合适。

⑤ 宝宝强烈抗拒进餐椅时，可以暂停就餐，让宝宝先离开，等情绪缓和或饿了想吃饭时再试。不要把宝宝强行按在餐椅上。

⑥ 如果宝宝长大了，能自己吃饭，这时表现出拒绝坐在餐椅上的话，可以顺应宝宝的需求，让宝宝使用增高垫直接坐在成人椅子上。

Part5 进餐行为与习惯

进餐行为与习惯

刚添加辅食的时候，强迫宝宝吃过几次不爱吃的食物，加深了她对某些口味的反感。

鼓励宝宝自己动手，虽然常常会吃得一地狼藉，但能增强宝宝对吃饭的兴趣，培养自理能力。

宝宝之前边看电视边吃饭。为了解决这个问题，全家人都坐在饭桌边专心吃饭，并积极表扬宝宝的进步，最后宝宝就忘记了看电视的事情。

添加辅食是从口味偏甜的南瓜泥开始的，接着单独吃绿叶菜，现在居然有点挑食。

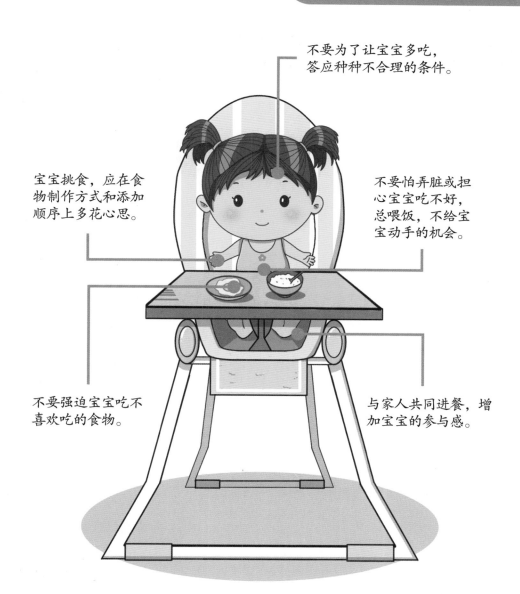

不要为了让宝宝多吃，答应种种不合理的条件。

宝宝挑食，应在食物制作方式和添加顺序上多花心思。

不要怕弄脏或担心宝宝吃不好，总喂饭，不给宝宝动手的机会。

不要强迫宝宝吃不喜欢吃的食物。

与家人共同进餐，增加宝宝的参与感。

宝宝吃饭不专心怎么办

- 家长要用理解的心态和正确的引导方式，培养宝宝科学合理的饮食行为习惯。
- 家长可以从以身作则、诱导饥饿、丰富食物品种等多个角度想办法。

宝宝吃饭不专心，可能会导致吃饭时间过长、营养摄入不足、热量消耗多，不利于良好饮食习惯的养成，影响正常的生长发育。

★1 控制零食量，营造饥饿感

如果餐前家长给宝宝吃过多的零食，他就会对正餐失去兴趣。因此，在用餐前，家长尽量不给零食，让宝宝适当感受饥饿，才能让他更专注地吃饭。

★2 采用诱导饥饿的办法

如果宝宝正在玩耍的兴头上，家长强行中止玩耍并让他吃饭，也容易出现宝宝吃饭不专心的情况。建议家长采取诱导饥饿的办法：家长可以先吃，进而吸引宝宝加入进餐过程。

☆ 规定进餐时长

每次进餐时长最好不超过30分钟。如果宝宝因为边吃边玩，在规定时间内没有吃完饭，那就要及时撤掉餐具和食物，让宝宝离开餐桌。

☆ 改掉不良的进餐习惯

有的家长用满足宝宝的某项需求作为吃饭的交换条件。而由于家长追着喂饭，有的宝宝已经形成条件反射。如果家长突然不追着喂了，宝宝就会失去对饭菜的兴趣。

☆ 家长做好榜样

家长要以身作则，注意自己的行为，吃饭时避免干别的事情，如不要边吃饭边看电视等。

☆ ⑥ 增加宝宝的运动量

缺乏运动的宝宝通常食欲不佳。适当的运动能促进热量的消耗，促使宝宝产生饥饿感。饥饿的宝宝吃饭也就容易专心和积极。

☆ ⑦ 食物美味和颜色丰富能增强宝宝的吃饭欲望

宝宝有时会因为食物不合口味，而提不起吃饭的兴趣。家长准备食物时，除了考虑营养，还要尽量确保食物美味、颜色丰富，激发宝宝的食欲。

辅食添加初期，如何培养宝宝独立进食

★ 并不是宝宝用勺子或筷子吃东西才算自主进食。自主进食的重点在于宝宝是否能够发挥自身的主动性。因此，从宝宝添加辅食开始，就要帮宝宝建立自主进食的意识，培养自主进食的习惯。

★ 自主进食有助于锻炼宝宝的手眼协调能力、手部精细动作能力，激发宝宝对食物的好奇心，培养独立意识，进而形成良好的饮食及生活习惯。

🌸 在刚添加辅食的时候，宝宝喜欢把手伸到碗里抓食物。这时，不妨给宝宝一个小勺子。虽然他还不能用勺子吃饭，但可以用这种方式，激发他对食物的兴趣和自主进食的欲望。

🌸 等到宝宝可以自己拿勺子吃东西了，要鼓励宝宝独立进食。开始的时候宝宝洒得会比吃得多。家长不要怕脏乱，要知道这是学习自主进食的必经阶段。

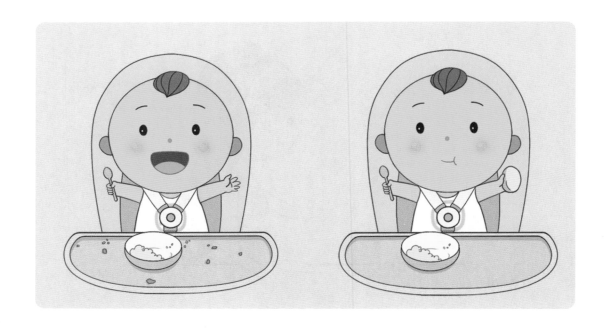

✿ 等到宝宝再大一些，可以让宝宝在吃辅食的同时，手里拿一些松软的食物，比如小块的馒头或花卷。在捏拿食物的过程中，宝宝也会试图把手上的食物送进嘴里。不管是否吃到了，这都能够锻炼他的手眼协调能力。

✿ 和成人一样，宝宝每餐饭的饭量也是不同的。千万不要强迫宝宝吃完全部食物。当宝宝把米粉糊含在嘴里迟迟不咽，或是带着厌恶的表情扭开头去时，应停止喂食。尊重宝宝对进食量的主导权，是帮他建立独立进食意识的重要环节。

宝宝爱吃零食怎么办

★ 可以适当给宝宝吃零食，但每次提供的零食量
  应以不干扰宝宝接受正餐为前提。
★ 另外，给宝宝准备的零食，应该做到少盐、少
  糖、少油，以保证宝宝的饮食健康。

★ 零食是一把双刃剑。一方面，不合理、过度食用零食，有可能导致宝宝体重增加、营养不良；另一方面，合理、适度地吃些零食，有助于实现平衡膳食的目标，并给宝宝的生活增添乐趣。

🌸 有条件的情况下可以在家中给宝宝自制零食。

🌸 健康的水果是宝宝零食的好选择。

🌸 给宝宝买零食时要尽量选择适合宝宝年龄的，还要注意盐、糖、油的含量及加工方式。

🌸 吃零食的时间不要太靠近正餐时间，两者最好间隔一个小时以上。也不要一次给宝宝吃太多，以免影响正餐的进食量。

如何面对宝宝偏食、挑食的问题

102

◆ 饮食均衡，才能确保宝宝获得充足全面的营养，满足其生长发育的需要。宝宝长期挑食、偏食，容易出现营养失衡的状况。

◆ 科学的饮食习惯，对宝宝的健康非常重要。长期严重的挑食、偏食行为，不利于其良好饮食习惯的养成。

⭐ 不让宝宝做选择题

在宝宝耐受的前提下，把宝宝不爱吃的混在爱吃的食物里面，并逐渐加大比例，直至接受不爱吃的食物。

⭐ 经常变换食物花样

改变比较单调的口感，食物搭配尽可能多样化，让食物在视觉和味觉上都有一些新鲜感。

⭐ 家长的榜样作用

家长需要注意自己的饮食习惯，大人在宝宝面前不挑食，积极吃饭，宝宝也会受到感染。

⭐ 适当运用饥饿疗法

让宝宝体会饥饿的感觉，有了饥饿的刺激，他会自然地尝试之前不想接受的一些食物。

⭐ 不给宝宝吃口味过重的食物

如果曾给宝宝吃过酸、过甜的食物，他就会难以接受味道较为平淡的食物，因此，平时应该注意饮食清淡，不要让宝宝接触口味过重的食物。

⭐ 家长耐心引导

当宝宝挑食、偏食时，家长不要责备他，除了在食物准备上多花些心思，还需要用语言耐心引导；同时降低预期值，保持和宝宝交流沟通的顺畅，不能过于急躁。

宝宝拒吃新食物怎么办

★ 如果宝宝在接触新食物时出现排斥行为，甚至影响到了营养的均衡摄入，那么家长需要采取不同的方式诱导宝宝慢慢接受。

★ 如果宝宝排斥某种食物，是因为过敏，家长则一定要注意排查，避免给宝宝食用。

1 家长可以将新食物和宝宝熟悉的或喜欢的食物搭配在一起做给他吃。

2 也可以改变烹饪方法，丰富口感，尽可能做到食物搭配多样化，在视觉和味觉上给宝宝一些新鲜感，刺激宝宝的食欲。

3 让宝宝有饥饿感的时候再进餐，这样宝宝更容易接受新食物。

4 宝宝喜欢模仿大人，家长如果在宝宝面前表现很享受食物的样子，并且向宝宝演示咀嚼的动作，宝宝也会想要尝试。

5 家长要耐心引导，鼓励宝宝品尝新食物，并对他的尝试给予适当的表扬。不要责骂，否则会引起反感，使宝宝对吃新食物这件事产生惧怕或厌恶感。

6 如果宝宝明确表现出不爱吃某种食物，不要强迫宝宝吃，家长可以用另外一种营养成分类似的食物代替。

如何引导宝宝独立吃饭

◆ 从添加辅食开始，家长就可以有意识地训练宝宝独立吃饭了。这不是要求完全让他自己进食，而是提醒家长应有这样的意识。

◆ 家长要耐心地引导和鼓励宝宝，理解宝宝学习吃饭是一个过程，不要怕弄脏环境，更不要在宝宝有能力、有意愿独立进食的时候，干预或打断宝宝。

1 家人喂饭节奏把控不当，可能会使宝宝进食过快，咀嚼食物不充分，影响他的消化吸收。

2 家长经常喂宝宝吃饭，会影响宝宝动作平衡和手眼协调能力的发展。

3 家长长期喂饭，还可能使宝宝产生依赖心理，不能锻炼他的自主能力。

宝宝独立吃饭时需要注意的安全问题

◆ 选择食物时需要结合宝宝的年龄，并注意食物的种类、温度、大小等，排除潜在隐患。给宝宝选择餐具时，也应选择有质量保障、不会伤害到宝宝的餐具。

◆ 另外，不管是在家中还是在餐厅就餐，宝宝旁边一定要有成人看护，以确保安全。

◆ 易碎，边缘尖锐、不平滑的餐具存在安全隐患，一不小心，就可能会对宝宝的身体造成伤害。平时应耐心指导宝宝正确使用餐具，不能将餐具放入口中玩耍。

◆ 家长在准备食物时，除了要注意食物的颗粒度、硬度之外，还要注意是否有刺、宝宝是否过敏等问题。同时，也应随时引导宝宝自己学会辨识危险。比如，食物过热，容易烫伤；食物颗粒过大，存在呛噎风险等。

◆ 宝宝吃饭时容易受到外界影响。因此，在吃饭过程中不能嬉戏打闹，在进餐时及进餐前后不做剧烈活动。如宝宝因出现哭闹嬉笑等无法正常下咽时，或因就餐时吵闹的环境，宝宝情绪起伏过大时，应及时中止进餐。等宝宝情绪平复后，以愉悦、平稳的情绪在安全、安静的就餐环境下继续就餐。

入园前的饮食习惯培养

★ 在宝宝上幼儿园之前，需要帮他形成一定的自理能力，例如，培养宝宝良好的饮食习惯。这样才可以让宝宝更好、更快地适应幼儿园生活。

⭐ **注意**

没做好入园前的饮食习惯准备，可能会对宝宝融入集体、适应幼儿园生活产生一些阻碍，进而可能使他产生讨厌幼儿园的情绪，并损伤其身心发展。

❶ 餐前准备

家长要提前告诉宝宝快要吃饭了，引导他洗手，然后坐到餐桌前，或是锻炼宝宝，让他帮忙端食物，以便他更好地进入饭前状态。

❷ 专心吃饭

吃饭时不要让宝宝边吃边玩，不要离席随处走动玩闹。根据宝宝进餐的速度，家长可以大致规定进餐时间，用以督促他认真吃饭。

❸ 细嚼慢咽

宝宝消化吸收功能还不够强，狼吞虎咽不利于食物的消化吸收，家长要引导宝宝吃饭时细嚼慢咽。

④ 控制零食量

控制宝宝的零食，以免影响宝宝正餐的摄入量。宝宝如果饿了，可以适当吃点水果、酸奶等。

⑤ 注意卫生

家长要告诉宝宝除了吃饭前要洗手外，弄脏手时及饭后也要洗手，并让宝宝养成餐后漱口的习惯；使用自己的餐具；不吃掉在地上或桌面上的食物，尽量不要把饭菜弄掉，掉出的食物要拾起来、放到不用的餐盘里。

左面肉　右面菜

⑥ 培养餐桌礼仪

家长可以适当教会宝宝一些餐桌礼仪，比如，咀嚼食物时不要发出太大的声音，喝汤时尽量不要出声，夹菜时不要东挑西拣，不要用手去抓饭菜，不要浪费粮食等。

如何培养宝宝的餐桌礼仪

❋ 3岁左右的宝宝已经很少将饭菜洒落一地了，大部分还能做到自己洗手、自己擦嘴。此时，要有意识地培养宝宝的餐桌礼仪。这样能帮助宝宝养成良好的饮食习惯及生活习惯，也有利于宝宝日后的社会交往。

① 让宝宝学着做

逐渐培养宝宝有关用餐的行为和意识，如：吃饭前先洗手；不要把玩具带上餐桌；用餐过程中不随意离开餐桌；不要大喊大叫；嘴里有食物时不说话；需要协助时，礼貌地表达需求；还可以鼓励宝宝在餐后帮忙收拾不易碎的餐具等。

② 约定用餐时间

约定每顿饭的用餐时间，吃饭时不能边吃边玩，不能拖沓。建议每顿饭在 20 分钟左右，最好不超过 30 分钟。若超出时间，要及时收拾餐具。

③ 给予适当关注

当宝宝长时间得不到关注时，更容易失去耐心。"大喊大叫，要这要那"往往正是宝宝吸引爸爸妈妈注意力的方式。因此家长在餐桌上交谈时，尽量让宝宝也参与其中；但不要跟他过于嬉闹，也不能批评、责骂宝宝。

4 树立典范

以身作则，为宝宝树立餐桌礼仪的典范。宝宝很善于模仿，特别是喜欢模仿爸爸妈妈。如果想让宝宝专心吃饭，那么家长就不要带手机、平板电脑等电子设备上桌。如果想让宝宝嚼东西时不张嘴说话，那么家长应先做到这一点。此外，家长不要在吃饭时长篇大论地教训人，也不要高谈阔论地争辩是非，尽量营造温馨愉快的就餐氛围。

5 避免负向强化

强化优点，弱化缺点，避免负向强化。

家长千万不要在吃饭的时候不停地数落宝宝，而应采取强化优点的方式。当宝宝表现出良好的礼仪时，及时地夸奖他，而且夸奖要具体，借此来强化希望他能坚持下去的行为。比如，家长可以说，"宝宝今天吃得真好，饭和汤都没洒，真棒！"

Part6 饮食与生长发育

饮食与生长发育

由于养成了专心吃饭的习惯，宝宝做事情越来越专心。

自主进食这件事情，给宝宝带来了很多行为上的变化，比如自己刷牙、穿衣，宝宝的独立性更强了。

自从学会使用餐具后，宝宝手眼配合的灵活性明显增强了。

让宝宝独立进餐,可以锻炼精细运动,提升进餐兴趣,培养专注力。

良性的进餐行为,有助于宝宝建立自立意识,培养自理能力。

科学的饮食能为宝宝提供生长所需要的营养物质,让宝宝有一个健康的身体。

咀嚼动作的练习有利于语言功能的发育。

饮食是一件对宝宝的生长发育和人生阶段有重要影响的事情,需要重视。

> 宝宝6个月内应该尽可能纯母乳喂养。配方粉是母乳不足等情况下的无奈选择，以保证宝宝的营养供应和生长发育。

> 添加辅食后，则应该平衡好奶和辅食的关系。辅食的供给要讲究循序渐进，营养均衡。

➤ 饮食关系到宝宝生长的方方面面，从身高、体重能否达标，到器官、神经发育是否健全，乃至影响到宝宝成年后的身体健康，是个不能轻视的问题。

➤ 早期母乳或配方粉的充分供应，可以为宝宝提供良好的营养基础和免疫保护，并将未来患病的概率降到最低。

➤ 而后期辅食的合理添加，则能让宝宝
顺利地过渡到成人饮食，为宝宝的加
速生长提供保障；所以科学饮食对宝
宝的健康成长尤为重要。

➤ 尽可能遵循纯母乳喂养到 6 个月的原
则。如果可以，母乳喂养到 2 岁更
好。当母乳确实不足，或者有其他不
适宜母乳喂养的无奈情况时，可以添
加配方粉作为补充，来提供宝宝健康
生长发育所需的营养物质。

▶ 当宝宝满 6 月龄时，应适时添加辅食。宝宝的第一口辅食推荐富含铁的婴儿营养米粉，之后按照每添加一种食物观察三天的原则，逐渐丰富食物种类，实现多样化。

▶ 添加一定种类的辅食后，应注意不同种类食物的搭配比例。为保障营养均衡摄入，每顿饭最好保证有主食、肉、菜的基本组合。

▶ 一岁半左右逐步完成从以奶类为主到以辅食为主的过渡，让宝宝能获得更充足的营养。

➤ 奶类虽然最终会变成一种辅助补充食物，但在宝宝的饮食中仍然是重要的组成部分，2 岁后最好每天能保障 300~400ml 的奶量。

➤ 根据不同月龄阶段及实际情况，除了需要补充定量的维生素 D，只要宝宝平时的饮食营养均衡，一般情况下，不需要额外补充其他营养素。

➤ 为了更好地监测宝宝的生长情况，应该定期记录宝宝的头围、身高、体重情况，观察其生长曲线趋势。生长曲线能够在一定程度上反映宝宝的饮食状况。如果发现问题，及时从饮食上查找原因，比如是否存在进食量不足、食物性状不合适、食物过敏、食物不耐受等问题。

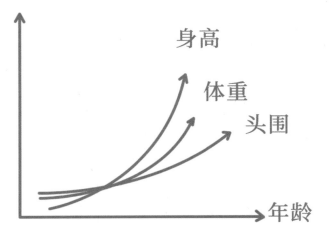

自主进食有助于促进精细运动的发育

平常饮食过程中，家长应该多给宝宝锻炼的机会，通过不断尝试抓取食物和吃食物，练习宝宝的精细运动，进而达到熟练掌握精细运动的目的。

🌀 对于饮食，家长不应只关注获取营养这一个方面，也要关注饮食过程对宝宝生长发育的促进作用。

🌀 利用宝宝对进食的兴趣，给他尝试、锻炼的机会，从而促进精细运动的发展。这种兴趣有一定的时间阶段，即敏感期。错过了这个时间段，宝宝很可能就不爱自己动手了。这无形中就减少了锻炼的机会，推迟了掌握精细动作的时间。

🌀 日常可以给宝宝提供一些比较小但安全的零食，比如溶豆，让宝宝自己用手捡拾，锻炼宝宝手指的灵活度和手眼配合的协调能力。

🌰 在宝宝进食过程中，家长可以准备适合宝宝用手抓握的食物，比如馒头，鼓励宝宝自己把食物放进嘴里，锻炼宝宝手眼配合的能力以及抓捏技巧。

🌰 可以给宝宝提供适合抓握、夹取的婴儿餐具，让他模仿家长的进食动作。还可以选择一些设计精妙的健康零食存储罐，通过进食和拿取动作，锻炼宝宝的手指灵活性和抓握技巧。

"玩食物" 是培养专注力的好方法

到点就吃。家长希望宝宝吃饭的那个时间点到了，就让宝宝吃。此时，宝宝可能根本不饿，在被迫的情况下吃饭，宝宝难以专心。

完全控制宝宝。担心宝宝吃饭时把餐桌弄脏、弄乱，整个喂养过程完全控制宝宝，导致宝宝的参与性很差。

让宝宝吃不接受的食物。有可能是味道上宝宝不接受，也有可能是宝宝身体上不接受（即吃了以后不舒服），但是家长仍强行喂养，让宝宝心生抵触。

给宝宝定量。家长总觉得自己准备了这么多，宝宝必须全部吃完。

专注力

☆ 专注力指单位时间内做一件事的专注能
力。对于宝宝来说，指他们能把视觉、
听觉、触觉等感官集中在某一事物上，
达到认识事物的目的。专注力的培养，
应该从添加辅食开始。

☆ 很多研究也证实，如果宝宝小时候吃饭
不专心，那么他以后上课也很难专心，
因为他从小没有形成在一段时间内集中
精力只做一件事情的意识。

培养宝宝专注力的正确做法

☆ 刚开始给宝宝吃辅食的时候，可以使用颜色鲜艳的碗和
勺子，不同颜色的碗和勺子会形成一种视觉反差，能把
他的注意力吸引到"吃东西"这件事上。良好的食欲会
让宝宝产生愉快的心情，这种愉快反过来又加强了专注力。

☆ 当宝宝再大一点以后，就不再局限于被餐具吸引了。他的兴趣点可能转移到
食物上，而且很可能是一边玩着食物一边往嘴里放，但
是整个人仍然处于一种专注的状态。

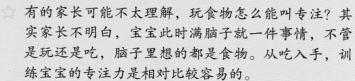

☆ 有的家长可能不太理解，玩食物怎么能叫专注？其
实家长不明白，宝宝此时满脑子就一件事情，不管
是玩还是吃，脑子里想的都是食物。从吃入手，训
练宝宝的专注力是相对比较容易的。

饮食行为能促进语言能力的发育

● 饮食对于宝宝的语言能力发育也有着重要的作用，比如咀嚼可以充分锻炼宝宝的口腔肌肉，促进宝宝的语言功能发育。

● 饮食行为，是锻炼宝宝获取更多语言词汇的一大途径。

对于小宝宝来说，饮食行为是他生活中的重要组成部分；因此，不管是饮食行为还是饮食环境，都可以作为宝宝语言发育的契机。

培养宝宝咀嚼意识，推动口腔肌肉锻炼，促进语言发育。刚添加辅食时，小宝宝没有咀嚼能力，家长要多做咀嚼动作，让宝宝模仿练习。随着宝宝能力的提升，适时改变食物性状，推动口腔及面部肌肉锻炼，为发音吐字做好准备。

充分利用饮食行为习惯创造语言环境。通过饮食锻炼宝宝的语言，是个绝佳的方式。家长可以通过提问"是不是饿了？""要吃草莓还是香蕉？""香蕉是什么颜色的？"等问题，诱导宝宝发声，引导宝宝学习更多的词汇。

宝宝小，母乳不足怎么办

宝宝出生后第一口食物应该是母乳，并应坚持6个月的纯母乳喂养。在母乳不足、需要添加奶粉的无奈情况下，应该首先选择部分水解配方粉，以降低宝宝的过敏概率。

为什么第一口非得是母乳呢？
母乳不足怎么办？

第一口吃母乳，宝宝能获取妈妈乳管和乳头上有益的菌群，在最短时间内建立健康的肠道菌群，降低未来过敏的概率。母乳中特有的活性成分，不仅能为宝宝提供营养，还能为宝宝提供免疫保护。从长远看，母乳喂养可以有效降低自身免疫性疾病、过敏以及肥胖等情况出现的概率。

8～12次

8次

出生后，只要母婴情况稳定，就应该第一时间让宝宝吮吸母乳。

最初几周鼓励24小时内母乳喂养8~12次，喂养适宜的话可以降至24小时内8次，并遵循按需喂养的原则。

宝宝吃奶后表情满足、尿色透明或淡黄，生长曲线正常，就表示宝宝的母乳奶量足够。如母乳不足，妈妈则要及时追奶。

如果追奶不成功，则要考虑添加配方粉。每次在添加配方粉前，要让宝宝充分吮吸母乳，吮吸频次和吮吸时间在一定程度上，可以促进乳汁的分泌。

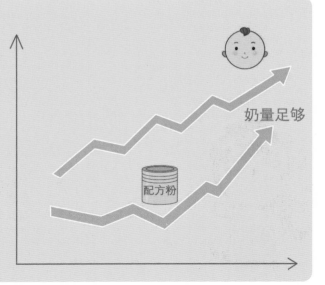

奶量足够

配方粉

6~12 个月

- 开始接触辅食，并以适应和循序添加为主要目标。这期间仍以奶为主，每天保证 600~800ml 的奶量。辅食制作时应遵循食物性状合适、不添加调味料的原则。

12~18 个月

- 饮食结构向以辅食为主过渡，来满足宝宝对营养的需求。此时奶的摄入量每天应不低于 400ml。辅食种类要尽可能丰富，并可以添加少量调味品，但如果宝宝能接受原味的食物，也可以不加。

18~24 个月

- 随着宝宝生长对营养需求的变化，这时辅食成为宝宝能量的主要来源，因此辅食的种类要足够丰富。此时的奶仅作为日常饮食的营养补充，保证一定的摄入量即可。
- 此阶段的宝宝虽然可逐渐与成人饮食同步，但要遵循少盐、少油、少糖的清淡原则，避免造成宝宝代谢负担。

图书在版编目（CIP）数据

崔玉涛图解宝宝成长 . 1 / 崔玉涛著 . —北京：东方出版社，2019.5
ISBN 978-7-5207-1002-2

Ⅰ.①崔… Ⅱ.①崔… Ⅲ.①婴幼儿—哺育—图解 Ⅳ.① TS976.31-64

中国版本图书馆 CIP 数据核字（2019）第 073522 号

崔玉涛图解宝宝成长 1
（CUI YUTAO TUJIE BAOBAO CHENGZHANG 1）

作　　者：崔玉涛
策 划 人：刘雯娜
责任编辑：郝　苗　王娟娟　戴燕白　杜晓花
封面设计：孙　超
绘　　画：孙　超　陈佳玉　戴也勤　响　月　冯晢然　洪佳仪
出　　版：东方出版社
发　　行：人民东方出版传媒有限公司
地　　址：北京市朝阳区西坝河北里 51 号
邮　　编：100028
印　　刷：小森印刷（北京）有限公司
版　　次：2019 年 5 月第 1 版
印　　次：2019 年 5 月第 1 次印刷
开　　本：787 毫米 ×1092 毫米　1/20
印　　张：7.5
字　　数：98 千字
书　　号：ISBN 978-7-5207-1002-2
定　　价：39.00 元
发行电话：（010）85924663　13681068662
